我是愛心小獸醫

小小實習生

學生證

姓名：..

小小實習生

我是愛心小獸醫

作　　者：凱瑟琳・阿爾德 (Catherine Ard)
繪　　圖：莎拉・勞倫斯 (Sarah Lawrence)
翻　　譯：羅睿琪
責任編輯：張雲瑩
美術設計：張思婷
出　　版：新雅文化事業有限公司
香港英皇道499號北角工業大廈18樓
電話：(852) 2138 7998
傳真：(852) 2597 4003
網址：http://www.sunya.com.hk
電郵：marketing@sunya.com.hk
發　　行：香港聯合書刊物流有限公司
香港荃灣德士古道220-248號荃灣工業中心16樓
電話：(852) 2150 2100
傳真：(852) 2407 3062
電郵：info@suplogistics.com.hk
版　　次：二〇二二年六月初版

ISBN: 978-962-08-7944-9
Original Title: *Vet in Training*
First published 2019 by Kingfisher
an imprint of Pan Macmillan

18/F, North Point Industrial Building, 499 King's Road, Hong Kong
Published in Hong Kong, China
Printed in China

我是愛心小獸醫

小小實習生

凱瑟琳・阿爾德 著
莎拉・勞倫斯 繪

你能在本書的
每一頁裏找出
這隻小雞嗎？

新雅文化事業有限公司
www.sunya.com.hk

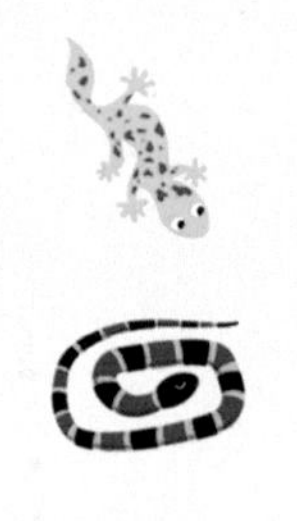

課程大綱

在**理論課**中，你會學到很多重要知識。

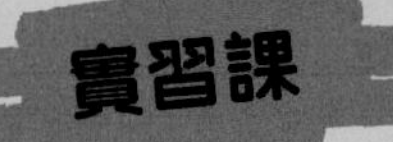

在**實習課**裏，你需要完成任務，或是學習獸醫的技能。

當你完成理論課或實習課後，便可以在相應的位置上寫上剔號。

理論課1

訓練時間

你想成為獸醫嗎？你喜愛各種各樣的動物嗎？你擅長與人相處嗎？你願意接觸污物和糞便嗎？如果以上都「是」的話，那麼獸醫正是適合你的工作！

獸醫有什麼職責？

獸醫會照顧各種各樣生病或受傷的動物，也會確保健康的動物不會出現身體不適。

以下是一些獸醫必須做的事情……

- ○ 在獸醫診所與人們和他們飼養的動物會面。

- ○ 處方藥物，讓生病的動物感覺舒服一些。

這些寵物全都看過獸醫了，你能找出哪一隻動物與別不同嗎？

○ 建議主人照顧寵物的最佳方法。

○ 為生病或受傷的動物做手術。

與獸醫見面！

來看看獸醫對自己的工作有什麼看法吧。

「我喜歡令人們的寵物變得健康；如果寵物的健康狀況非常糟糕，牠們也會感到難受呀。」

「有時我需要隨時候命，或會在半夜裏治理生病的動物呢。」

「每天都不一樣，我有機會接觸許多可愛的動物。」

理論課2

尋找理想的獸醫類型

哪一種類型的獸醫工作最適合你？試試回答這個職業探索地圖上的問題，並跟隨相應的路徑找出答案吧。

是

由此開始

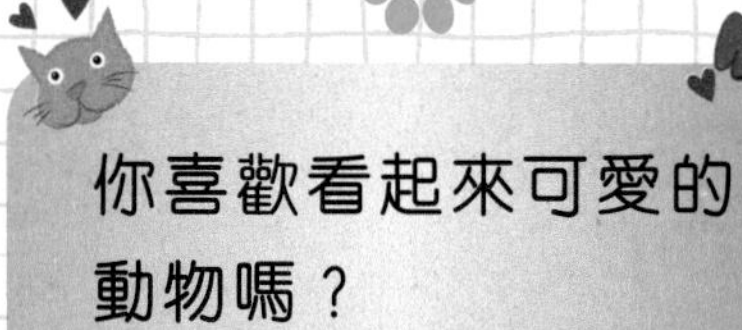

你喜歡看起來可愛的動物嗎？

否

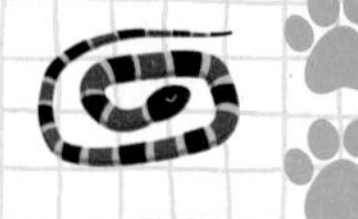

你深愛那些會緩緩蠕動、爬行和滑動的動物嗎？

否

是

你喜歡歷險和冒險嗎？

是

你喜歡乾爽的陸地多於海洋？

否

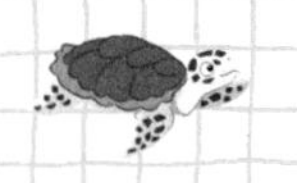

否

是

是

是

你喜愛馬匹嗎？

否

不論任何天氣，你都喜歡待在戶外嗎？

否

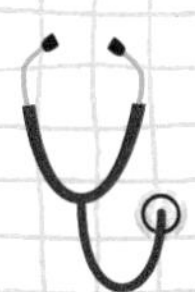

理論課 2

請剔這裏

通過

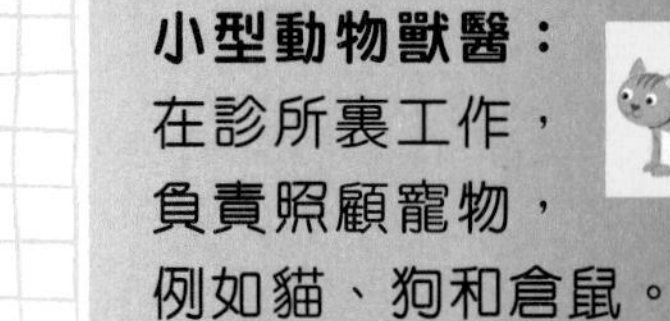

小型動物獸醫： 在診所裏工作，負責照顧寵物，例如貓、狗和倉鼠。

野生動物獸醫： 在野生動物園和救援保育中心工作，負責治療野生動物，例如獅子、老虎和猿猴。

異類寵物獸醫： 在護理蜘蛛、蛇和蜥蜴等異類寵物的診所裏工作。

馬獸醫： 要前往農場、牧場和馬廄等地方，去治療大小馬匹。

農場獸醫： 前往一個又一個農場，照顧牛、羊和豬。

水生動物獸醫： 在水族館和海洋公園工作，負責治療魚、海龜、海豹和其他海洋動物。

實習課1

動物的身體

實習課 1
○ ↙ 請剔這裏
通過

獸醫的病人有各式各樣的形態和大小，不過在牠們的毛皮、羽毛與鱗片之下，許多動物實質是大同小異。

X 光檢查

人類和動物擁有許多相同種類的骨頭。

你能在小狗的骨骼上找出以下的骨頭嗎？

- ○ 頭骨
- ○ 肋骨
- ○ 脊椎骨

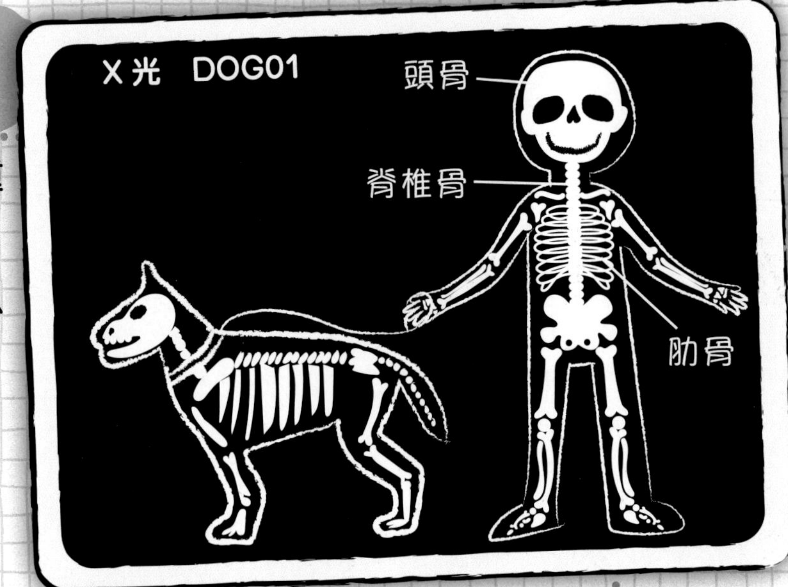

手臂、鰭肢和翅膀

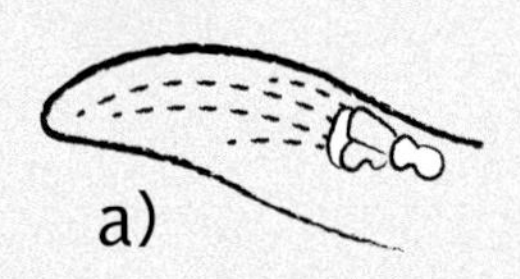

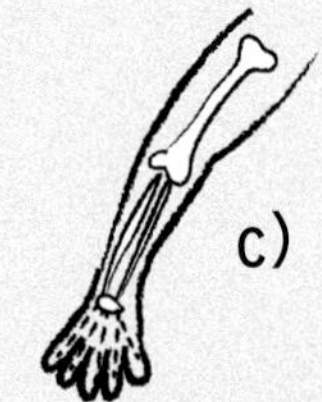

動物的「手臂」骨有不同的形狀，以幫助牠們抓握、游泳、跳躍或飛行。

你能將以下各種動物和牠們相應的手臂、翅膀或鰭肢配對起來嗎？

蝙蝠

鯨魚

猴子

青蛙

適應力強的動物

雖然人類和動物的骨骼相當相似，但有些動物的骨骼卻非常不一樣呢。

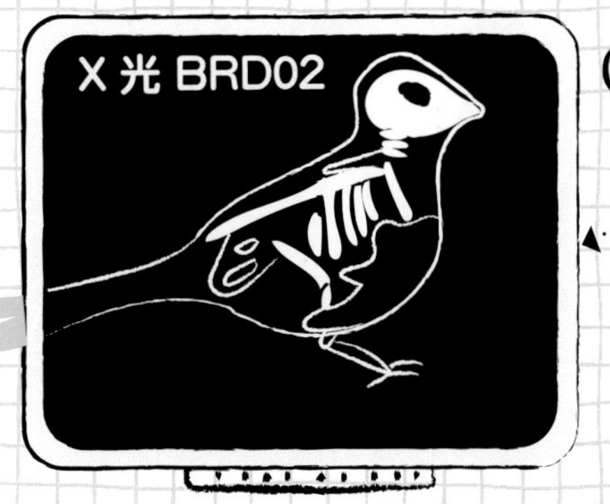

鳥類擁有喙部，而沒有顎骨和牙齒；牠們的骨骼是空心的，這讓鳥類身體輕盈，便於飛行。

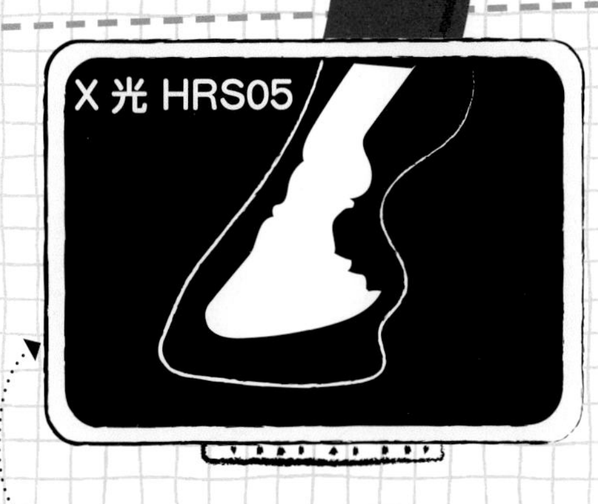

馬匹的蹄能讓牠們在崎嶇不平的地面上長途跋涉，在堅硬的蹄裏面，馬匹長有一根骨質的腳趾。

陸龜會藉由蜷曲脊骨來把頭部扯進自己的硬殼裏，以保護自己。

X 光 TTS03

蛇沒有腿，牠們有許多肋骨，這些肋骨能讓牠們彎曲身體，向前滑行。

獸醫需要了解動物的裏裏外外，試將這些動物和牠們的骨骼配對起來吧。

1 蜥蜴　2 狗　3 貓　4 馬

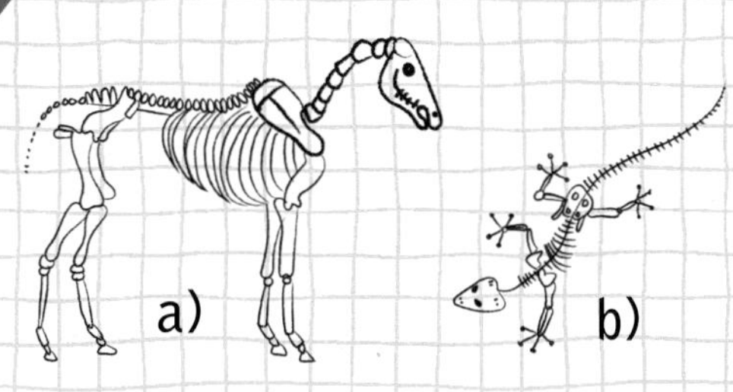

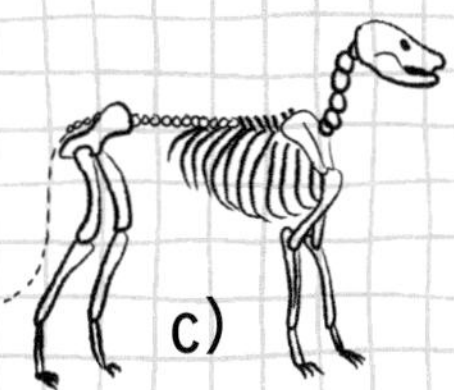

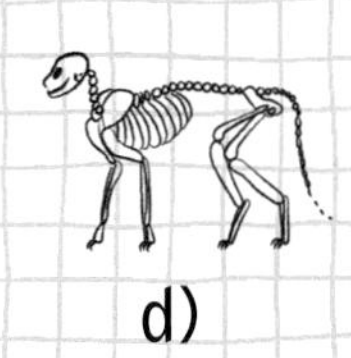

在診所裏

歡迎光臨獸醫診所！你會在這裏接受在職訓練。快來參觀一下，與我們的團隊見見面，看看診所裏會有什麼事情發生吧。

獸醫護士會幫助獸醫治理動物，每一隻動物都需要先量度體重，才能接受獸醫檢查。

接待員負責接待顧客及接受預約，人們也可以在接待處購買寵物玩具、牽繩和寵物食物呢。

接待處

檢查清單

你能在診所中找出獸醫常用的工具嗎？
請剔選你找到的工具。

- ○ 聽診器可以聆聽動物的心臟和胸腔
- ○ 溫度計用來量度動物的體溫
- ○ 針筒用來注射藥物
- ○ 指甲鉗可以修剪長長的爪子
- ○ 耳鏡用於檢查耳朵內部
- ○ 鑷子可以從腳掌中拔出尖銳的異物

獸醫小錦囊

為防止病菌散播，獸醫檢查每位動物病人後，都要清洗雙手，並清潔診症台。

獸醫會仔細地檢查每一位動物病人，並向牠們的主人了解，以找出病源是什麼。

診症室

理論課3

聽動物說話

有些寵物到訪獸醫診所時會非常害怕或者煩躁，快來上一節動物身體語言課，找出我們最寵愛的四腳朋友有什麼感受吧。

尾巴的密碼

貓的尾巴會告訴你牠們的心情如何，沿着糾纏不清的線條走走看。

耳朵的秘密

貓耳朵的位置能告訴你許多事情呢。

理論課 3
○ 請剔這裏
通過

狗語解碼

狗會利用整個身體來展示牠們的感受。

耳朵豎起，尾巴伸直＝警覺

耳朵放平，尾巴垂下＝憂慮

尾巴和頭部垂下，渾身發抖＝害怕

抬高屁股，前腿貼在地上＝想玩耍

耳朵放平，露出牙齒＝生氣

搖動尾巴，耳朵向前＝快樂

獸醫小錦囊

獸醫有可能會被生氣的動物咬傷、踢傷或抓傷，因此學懂觀察動物的身體語言非常重要！

考考你

以下這些寵物有什麼感受？請剔選正確的答案。

a)

b)

c)

a) ○ 憂慮 ○ 快樂

b) ○ 警覺 ○ 想玩耍

c) ○ 害怕 ○ 生氣

理論課4

照顧寵物

寵物需要：

 一個舒適的家

 玩具和遊戲

健康的食物

陪伴

虎皮鸚鵡照顧檔案

需要住在一個設有棲木、又大又安全的籠子裏，籠子要放置在寧靜的地方，但要讓寵物能夠看見周遭發生什麼事情。

主食是鳥食和穀粒，還有切碎了的新鮮蔬菜和水果。

適合的玩具有鞦韆、鈴鐺和鏡子，不過要確保這些玩具是寵物專用的。

虎皮鸚鵡可以獨自生活，不過也喜歡與同伴待在一起。

獸醫小錦囊

你的虎皮鸚鵡需要每天在籠子外面活動一次。

天竺鼠照顧檔案

住所要有安全的戶外區域讓牠們奔跑，還有舒適的室內空間，要有牀鋪讓牠們蜷伏休息。

所需食物包括水、天竺鼠糧、柔軟的綠草，或其他合適的植物和蔬菜。

可以裝設玩具隧道，讓天竺鼠在裏面跑動，以及裝滿乾草的箱子讓牠們躲藏起來。

天竺鼠需要與其他天竺鼠同伴一起生活。

獸醫小錦囊

天竺鼠有機會患感冒發冷，因此牠們需要定期接受獸醫檢查。

即使細小的動物也需要多加照顧，快努力熟讀這些寵物照顧檔案，好讓你能給寵物主人一些有用的建議。

理論課 4
請剔這裏
通過

絨鼠照顧檔案

要住在室內的大型籠子裏，絨鼠不喜歡溫度大幅變化的環境。

會吃絨鼠糧、新鮮的乾草，零食可以是少量的新鮮蔬菜。

需設置不同高度的平台、坡道和棲木，用於攀爬取樂。

絨鼠可以獨自生活，但較喜歡與另一隻絨鼠同住，以作陪伴。

獸醫小錦囊

絨鼠需要每天洗沙浴，以保持毛皮光澤又健康。

金魚照顧檔案

讓金魚住在你所能夠放置的最大魚缸裏。

主食是金魚薄片飼料或魚糧顆粒，小心不要過量餵飼牠們。

需要在魚缸裏擺設能讓金魚躲藏和探索的裝飾。

金魚較喜歡有同伴一起生活，但牠們也能夠獨自生活。

獸醫小錦囊

魚缸需要定期換水來保持金魚的健康。

實習課3

健康檢查

是時候和你第一位小狗病人見面了，牠需要接受全面徹底的健康檢查後，才能與主人展開新生活。

小狗名稱：傑克
年齡：四個月
最喜愛的玩具：皮球
最喜愛的獎賞：給肚子搔癢

令人毛骨悚然的動物

寵物對許多迷你生物而言就是一頓會行走的大餐，跳蚤和壁蝨生活在寵物的毛皮裏，並以牠們的血液為生；蠕蟲則在寵物體內生長。貓、狗和兔子需要定期治療來防止這些害蟲侵擾。

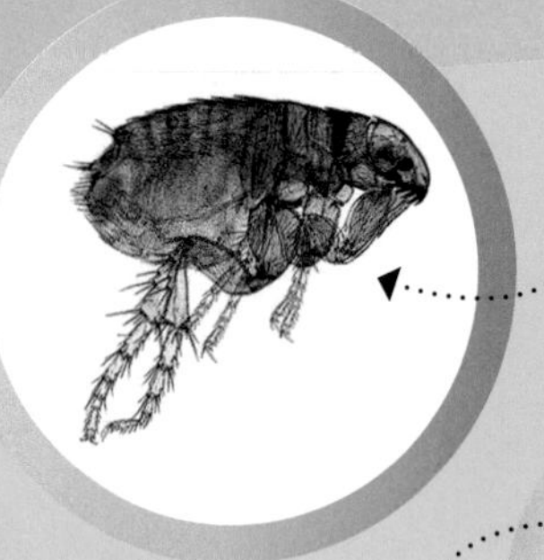

跳蚤

壁蝨

獸醫的診治技巧

微小的跳蚤難以被人察覺，因此要尋找牠們留下的線索：

1. 用廚房紙巾梳理寵物的毛髮。
2. 如果你在紙巾上發現一些黑色的小斑點，可以在上面加一滴水。
3. 如果小斑點染成紅色，那就是跳蚤的糞便，糞裏面全是血！

在這兩頁中，你能找出另外 3 隻在跳來跳去的跳蚤嗎？

植入微晶片

微晶片能幫助迷路或被偷走的寵物與主人團聚。獸醫會將微晶片注射入寵物的皮膚下面，由於微晶片非常細小，寵物不會感覺到它存在。每一塊微晶片都擁有獨一無二的編號。

掃描器能夠偵測到微晶片，它會讀取微晶片內的編號，從而找出寵物主人的姓名和住址。

接種疫苗

寵物需要定期接種疫苗，以防止牠們染病；當寵物前往海外時，也需要接種疫苗。獸醫會注射小量減弱的病菌進寵物的體內，好讓牠們的身體能夠學會對抗那種病菌，這可以防止寵物日後受該病菌感染。

獸醫小錦囊

你可以預備一些零食，在讓寵物接受檢查時給牠們吃，這可令牠們保持心情愉快。

實習課 3

○ 請剔這裏

通過

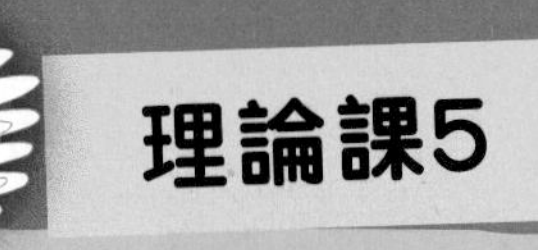

好好打扮

今天獸醫診所舉行最美寵物展，來看看展覽前主人如何為寵物悉心打扮吧，不論是牙齒、毛皮，還是爪子都需要處於最佳狀態！

貓和狗的牙齒需要用特殊的牙膏清潔，骯髒的牙齒會導致口臭，還有嚴重的牙肉感染。

貓會舔自己來清潔身體，不過如果牠們吞下太多毛髮，毛髮便會在體內形成一個毛球；替貓梳理毛髮可以清除牠們身上鬆脫的毛髮，並保持身體健康。

長毛天竺鼠需要定期洗澡，以防止長長的毛髮打結，並保持清潔。

理論課 5

○ 請剔這裏

通過

走在行人路上，有些狗的爪子會被磨短；有些狗則需要修剪指甲。

長毛寵物需要將打結的毛髮梳開，並修剪毛髮。如果毛髮掉落進寵物的眼睛裏，可能會導致感染。

考考你

小狗打扮過後，真漂亮！你能找出這兩張圖片之間的 6 個不同之處嗎？

打扮前

打扮後

血液檢測

獸醫會利用針筒從動物的靜脈中抽出小量血液，這些血液會送到實驗室去，並在那兒進行檢測，看看有沒有任何不尋常的情況。

實習課4

身體不妥嗎？

實習課 4
○ 請剔這裏
通過

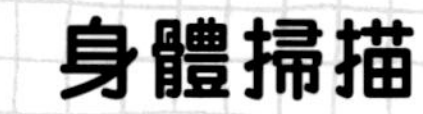

身體掃描

掃描器能將動物身體內部的活動圖像在屏幕上顯示出來，掃描器可用於檢查心臟與其他器官，並用來觀察動物有沒有懷孕。

你能在 X 光片上找出折斷了的骨頭嗎？

X 光

X 光機能拍攝特殊的照片，可顯示出動物身體裏的情況。例如找出受傷的地方和折斷的骨頭。

假如寵物會說話就好了！在這部分的訓練中，你需要運用特殊的器材，從而找出動物有什麼不妥的地方。

獸醫的診治技巧

你能替下面的寵物找出相配的兩張 X 光片嗎？

a)

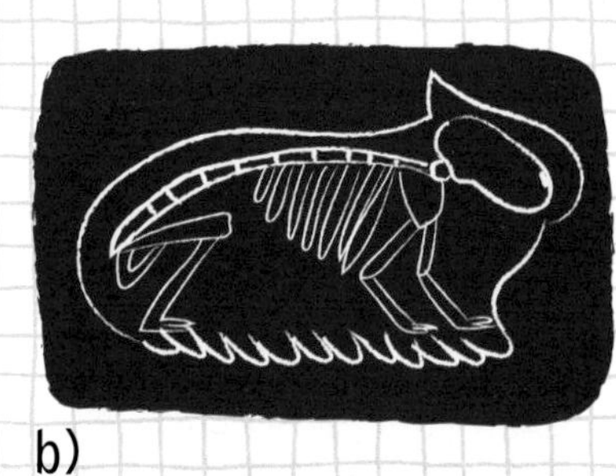

b)

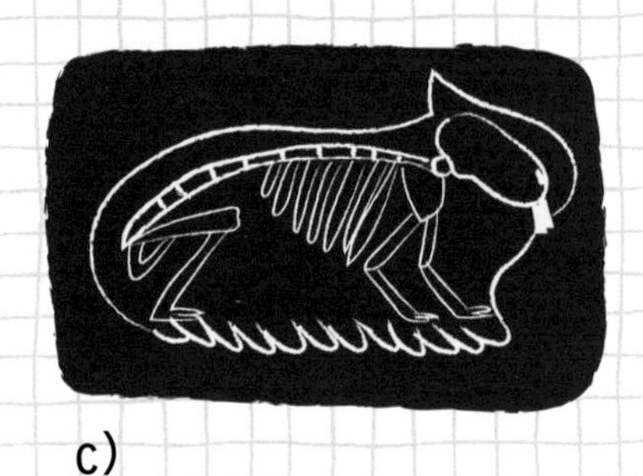

c)

d)

理論課6

治療時間

請你快拿起口罩和手術袍，前往手術室看看外科醫生的工作情況吧。接着，為正在康復期中的寵物進行檢查。

進行手術

清潔

進行手術前，外科醫生會擦洗雙手和雙臂，以清除病菌。

病菌會導致感染，因此手術室裏的所有東西都必須非常清潔。

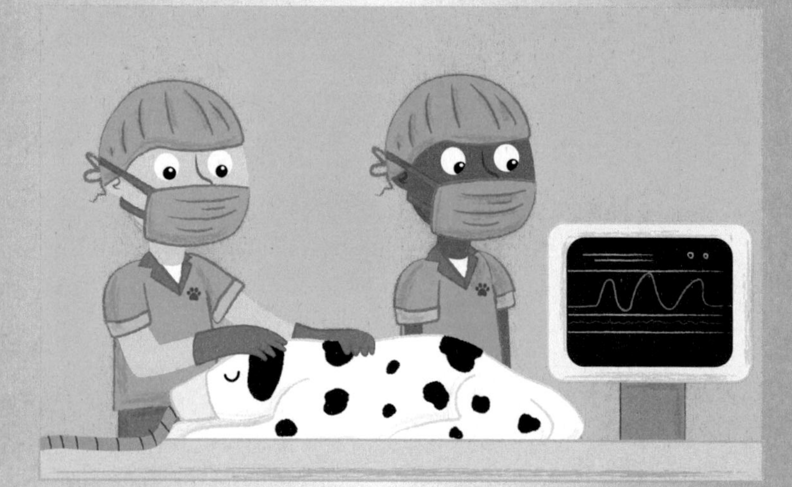

在手術進行期間，麻醉劑能防止動物感到痛楚。

入睡

動物病人會吸入一種名叫麻醉劑的特殊氣體，令牠進入夢鄉。

檢查

在手術進行期間，會有儀器檢查動物的心跳和呼吸是否正常。

復原

繃帶

繃帶能保持傷口清潔及防止感染；一種名叫石膏繃帶的堅硬繃帶能夠讓斷骨維持固定位置，好讓骨頭能癒合。

頸圈

頸圈能阻止動物病人在手術後舔舐傷口的縫線。

這隻貓骨折的腿上裹上了石膏繃帶。

回家

休養

不適的寵物需要在暖和、安靜的地方休養；給牠們吃富含蛋白質、能量和維他命的特殊軟質食物，有助牠們恢復過來。

藥物

有時候，寵物需要服食藥丸或藥水來消減痛楚、治療感染或疾病。

將藥丸藏在零食裏，能哄誘寵物吃掉藥丸。

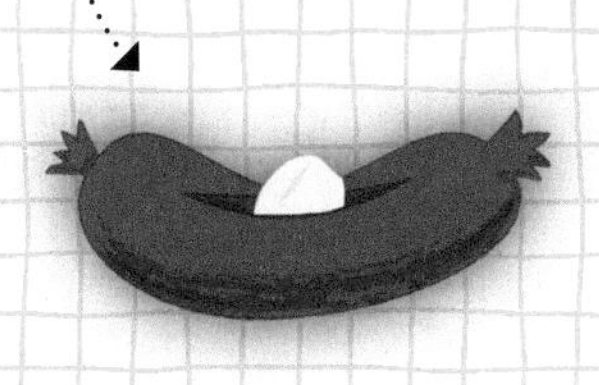

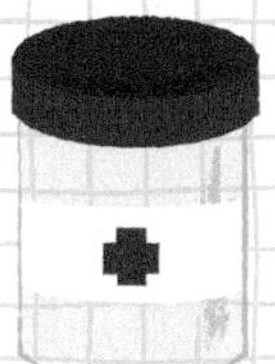

你能找出這兩幅圖畫中的5個不同之處嗎？

理論課7

奇珍異寵

在這一部分的訓練中，我們會認識一些另類寵物。不論牠們是否體型嬌小、身體布滿黏液、渾身鱗片或是滑溜溜的，牠們全都需要悉心照顧，才能活得快樂又健康。

大部分昆蟲都會吃植物，有些更喜歡腐爛了的植物！

令人毛骨悚然的蟲子

蛇需要定期接受檢查，因為微小的蟲子會寄居在蛇的鱗片下。

蟲子大餐

有些另類寵物每天都會進食，有些則每星期進食一次。許多兩棲類動物、爬蟲類動物和蜘蛛會吃活生生的昆蟲！

寵物可能會被牠們餐點中活生生的昆蟲狠狠咬噬，所以要把沒被吃掉的昆蟲從寵物缸拿走。

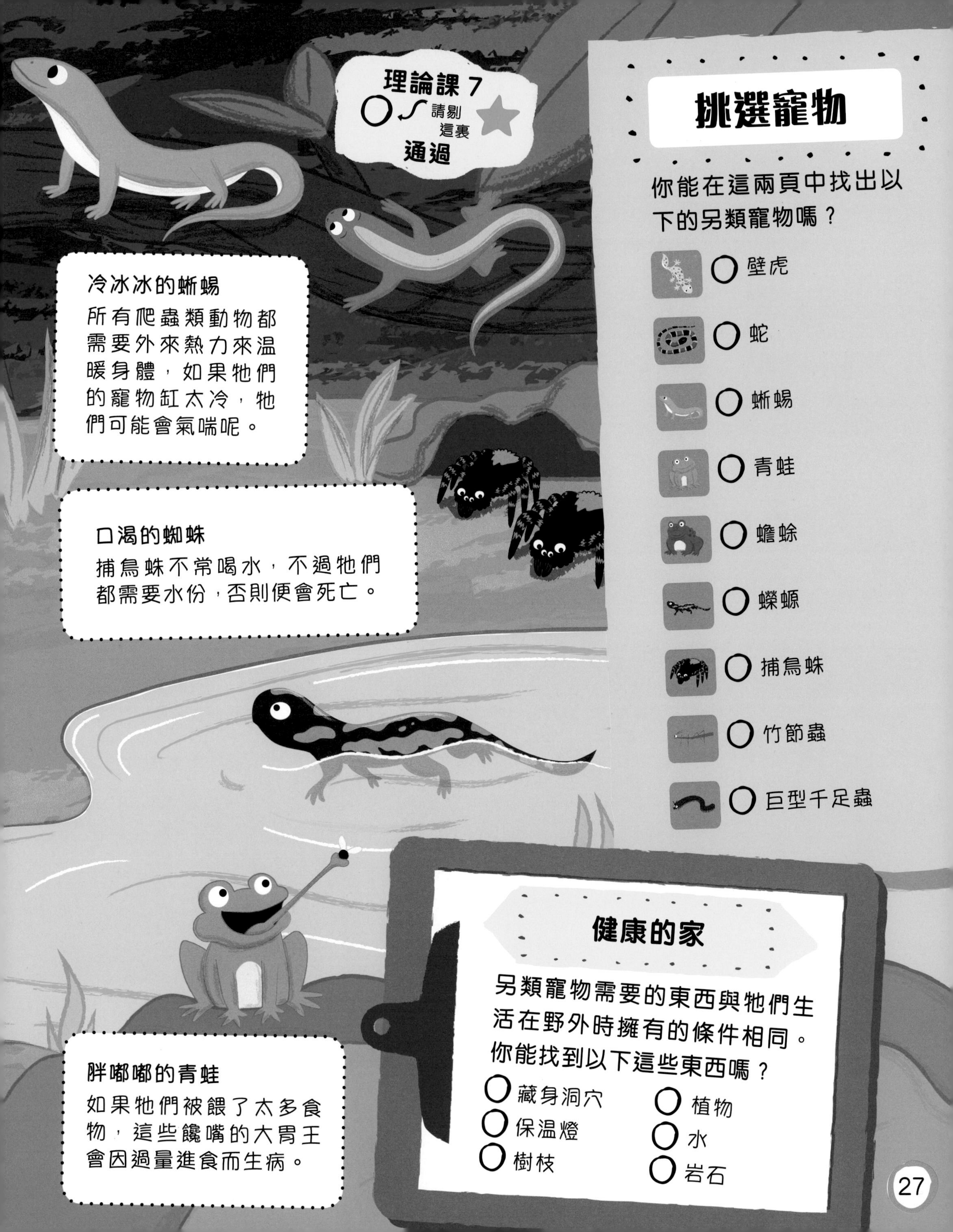
理論課 7
請剔這裏
通過
挑選寵物
你能在這兩頁中找出以下的另類寵物嗎？
壁虎
蛇
蜥蜴
青蛙
蟾蜍
蠑螈
捕鳥蛛
竹節蟲
巨型千足蟲
冷冰冰的蜥蜴
所有爬蟲類動物都需要外來熱力來溫暖身體，如果牠們的寵物缸太冷，牠們可能會氣喘呢。
口渴的蜘蛛
捕鳥蛛不常喝水，不過牠們都需要水份，否則便會死亡。
胖嘟嘟的青蛙
如果牠們被餵了太多食物，這些饞嘴的大胃王會因過量進食而生病。
健康的家
另類寵物需要的東西與牠們生活在野外時擁有的條件相同。你能找到以下這些東西嗎？
藏身洞穴
保溫燈
樹枝
植物
水
岩石

實習課5

在農場裏

快起牀吧！農場裏的工作一大早就要開始了，那兒有許多事情要做，不過在你可以為動物治療之前，你必須先抓住牠們！

今天的工作

當你完成一項工作後，請在圓圈內填剔。

○ 為豬接種疫苗
接種疫苗可以避免動物感染疾病。

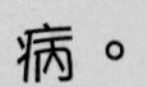

○ 治療有腳痛的羔羊
在農場裏，動物有時會弄傷自己。

○ 檢查公牛
進行定期檢查，有助知道動物有否染上疾病。

○ 給火雞服藥
許多動物需要定期服藥，以清除在牠們肚子裏生長的寄生蟲。

獸醫小錦囊

在農場裏要穿上工作服和水靴，這裏的工作既髒亂又臭氣熏天！

實習課 5

○ ∫ 請剔這裏

通過

獸醫的診治技巧

你需要擅於察覺疾病的存在，因為農場裏的動物都是成羣地生活在一起的，所以疾病傳播的速度很快。

這隻牛患上了嚴重的疾病，快快把牠找出來，並點算牛羣，看看有多少隻牛需要接受檢查。

10月28日　星期日

好消息，羊太太

今天我到訪了蓋爾農場，去看看有多少隻母羊懷孕了，我利用超聲波掃描器，它能顯示出母羊懷有羔羊的動態圖像，我發現有許多羊寶寶即將誕生。五個月後當母羊分娩時，我就會非常忙碌了！

2月18日　星期一

是雙胞胎呀

我為一頭懷有雙胞胎的母羊做檢查，牠有一點虛弱，所以我給牠一些維他命，我還告訴農夫要給牠額外的食物，好讓牠變得更健康，從而令牠身體裏的雙胞胎長得更強壯呢。

農場獸醫日誌

來看看維琪的獸醫日誌，她不論晴雨、不分早晚，協助飼養綿羊的農夫照顧羊羣。

4月1日　星期一

一早開始

當我在清晨四時抵達蓋爾農場時，天氣又濕又冷，但生產羔羊的舍棚裏則温暖又乾爽，我幫助一隻母羊生下兩隻羔羊，母羊將羔羊舔乾淨，又輕輕用鼻子推拱牠們，讓牠們吸啜自己的奶。

動物家族

請將以下的動物寶寶和牠們的父母配對起來吧。

馬駒

牛犢

羔羊

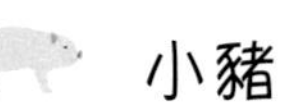
小豬

給寶寶的乳汁

所有哺乳類動物都會產生乳汁來餵養自己的寶寶。最初產生的乳汁稱為初乳，裏面充滿了有益的物質，有助保護初生動物免受疾病感染。

4月3日　星期三

我要更多的奶，謝謝

有一頭母羊沒有足夠的乳汁來餵養牠的羔羊，這意味着這隻羔羊要靠人手餵養，農夫需要每兩小時給牠一瓶奶汁——早上8時、早上10時、中午12時、下午2時、下午4時、傍晚6時、晚上8時和晚上10時！

5月10日　星期五

茁壯成長

羔羊現在已經六星期大了，我給牠們進行健康檢查和接種疫苗，以防止牠們患上疾病。

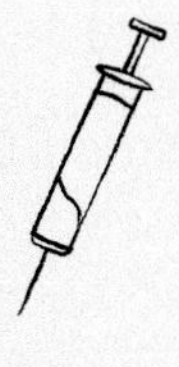

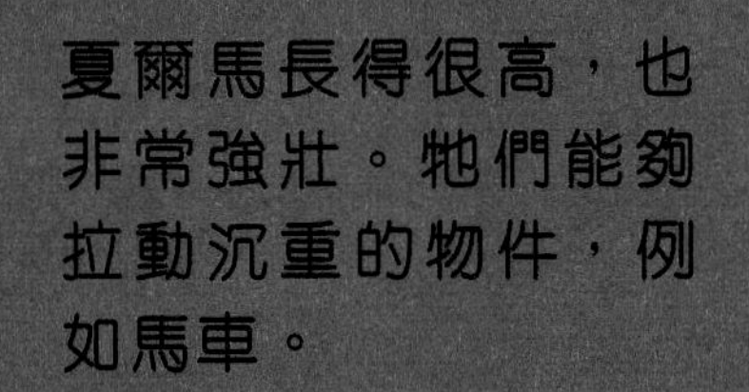

夏爾馬長得很高，也非常強壯。牠們能夠拉動沉重的物件，例如馬車。

馬匹有多高？

馬匹的高度會以「掌寬」作為量度單位，這是因為人們慣於用他們的手掌寬度來量度馬匹的高度。
1 掌寬 = 4 英寸。
這匹夏爾馬高 64 英寸。
即是多少個掌寬？
提示：試試將 64 除以 4。

小型馬比一般的馬細小，牠們的腿較短和毛皮較厚，而且刻苦耐勞又強壯。

新鮮的乾草

馬匹需要大量運動，還要進食許多青草與乾草，牠們每天會花 18 小時來吃草！

實習課6

在馬廄中

在馬廄埋頭苦幹一天，學習各種關於馬蹄、掌寬和馬匹的知識吧！

你能在馬廄的院子裏找到單輪手推車嗎？

純種馬會用於賽馬和馬術表演，就像人類運動員一樣，牠們也會肌肉勞損和骨折。

馬蹄護理

要特別留意馬蹄有沒有龜裂，以致馬匹疼痛難耐，馬蹄需要每六星期修剪和用銼整理一次，馬蹄裏的石塊和髒污也需要清除出來，以避免感染呢。

撿拾糞便

馬匹每天會排出八堆糞便，這些糞便又稱為廄肥。我們要鏟走糞便，否則危害健康的病菌和蟲子便會滋生起來。

實習課 6
請剔這裏
通過

實習課7

野生動物園

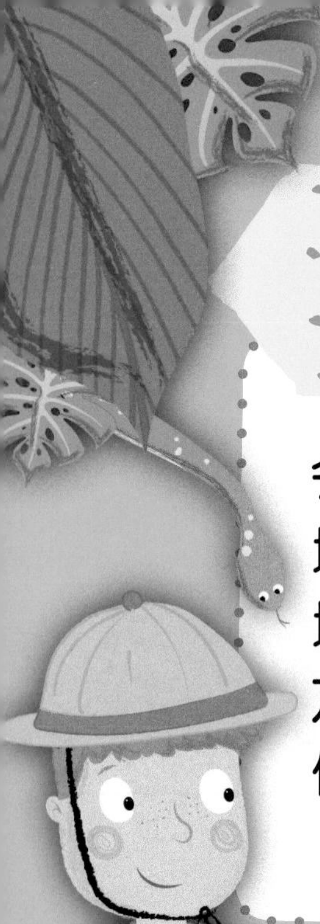

今天你將要治療來自世界各地的各種動物！請利用這幅地圖，在野生動物園裏尋找方向，完成以下清單中的工作吧。

工作清單

○ 為一隻身體不適的阿德利企鵝檢查

○ 給尼羅鱷量度尺寸

○ 點算竹節蟲的數量

○ 為犀牛寶寶量度體重

○ 包紮狒狒的尾巴

○ 給果蝠接種疫苗

圖例

這個建築物圖例能幫助你找到清單上的動物。

1. **微光地帶：**飼養了貓頭鷹、指猴和其他夜行動物
2. **猿猴世界：**飼養了猴子、狐猴和人猿
3. **蟲蟲叢林：**飼養了蜘蛛、甲蟲和其他昆蟲
4. **動物觀賞徑：**飼養了斑馬、長頸鹿和其他非洲動物
5. **海洋大觀園：**飼養了海鳥和海豹
6. **爬蟲屋：**飼養了陸龜、蛇和其他長滿鱗片的爬蟲類動物

微光地帶
這隻鬣蜥從牠的園區中逃脫了！牠應屬於哪個園區？
海洋大觀園
蟲蟲叢林
動物觀賞徑
考考你
你能在地圖上找出這些動物嗎？
長頸鹿
大猩猩
獅子
海獅
斑馬
狐獴
完成！
做得好
實習課 7
請剔這裏
通過

理論課 9

特殊治療

今天我們不需要任何藥物。一起到動物醫院去，看看健康欠佳的寵物如何在光線、水，甚至輪子的幫助下感覺舒服一些！

巧妙的「零件」

有些動物也許在意外中失去了一條腿，或是因為患病而需要將腿切除，就像人類一樣，動物也能裝上義肢，好讓牠們能夠自由走動。

身體配對

除了義肢，還有其他為動物而設的人造身體部分呢，你能將這些新的身體部分與對應的動物配對起來嗎？

喙

腳

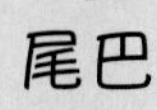
尾巴

鴨子

海豚

鸚鵡

「明亮的」好主意

雷射治療會將一道特殊的光束照射在傷口上，這種溫暖的光線有助傷口更快癒合，並紓緩痛楚。

獸醫小錦囊

進行雷射治療時，獸醫和寵物都需要戴上護目鏡，以保護眼睛免受強光傷害！

濕漉漉地散步

水療法是在水中進行的治療。這讓年老或是受傷的寵物能夠運動，及強化牠們的肌肉，而不會對受傷的骨頭和疼痛的關節添加任何負擔。

試試在泳池的淺水區跑步，要在水中向前推進是很費力氣的，不過你可以輕柔地着地，因為水會將你承托起來。

理論課10

在野外工作

全球各地，有許多不同的動物都面臨絕種危機，可幸的是，有一羣熱愛冒險的獸醫在照料這些動物的身體健康，讓牠們能夠生存下去。

格陵蘭

加拿大

北美洲

白背兀鷲

南美洲

紫藍金剛鸚鵡

瀕危動物

看看以下四種瀕危動物的介紹，認識獸醫如何幫助牠們扭轉劣勢。你能在這幅世界地圖上找出每一種動物嗎？

玳瑁

棲息地：美國佛羅里達

問題：玳瑁因為進食被丟棄在海中的垃圾而生病，或是被漁網纏住。

如何幫忙？獸醫會治療生病與受傷的玳瑁，並將牠們放回野外環境去。

低地大猩猩

棲息地：非洲盧旺達

問題：低地大猩猩如果從人類身上感染了人類的疾病，便會非常不適。

如何幫忙？獸醫找出生病的低地大猩猩，並給牠們處方抗生素。

理論課 10 請剔這裏 通過

考考你

你能在地圖中找出這些瀕危動物嗎？

- 亞洲象
- 歐洲水貂
- 藍鯨

遠東豹

棲息地：俄羅斯

問題：在野外，只餘下大約 70 隻遠東豹。

如何幫忙？獸醫治療患病的遠東豹，防止牠們滅絕。

大熊貓

棲息地：中國

問題：大熊貓常常被獵人設下用於捕捉鹿或其他動物的陷阱捕獲。

如何幫忙？獸醫會在大熊貓專門醫院為牠們治理傷患。

拯救野生動物

今天，有許多生病、受傷或被遺棄的動物被帶到這間忙碌的動物保育所。快來幫幫忙，希望這些動物不用多久就能重返大自然。

急症室

病人：在路旁發現的幼鹿。
情況：虛弱並出現脫水，一條腿受傷了。
治療方案：為幼鹿進行靜脈注射（俗稱「吊鹽水」），獸醫會透過一根管子將水分輸進幼鹿的靜脈裏；並包紮傷口。

隔離室

病人：幼狐
情況：身上布滿癬，癬是一種棘手的皮膚感染。
治療方案：用特殊的洗髮水替幼狐洗澡；並將幼狐與其他動物隔離，直至情況好轉為止，因為癬會傳染給其他動物和人類。

獸醫小錦囊

小心！野生動物可以是非常危險的，你需要經過全面訓練才能接觸牠們。

軟綿綿的玩具會扮演母鴨，讓失去母親的小鴨子依偎！

孤兒病房

病人：一隻掉進水溝裏、失去母親的小鴨子。

情況：身體冰冷，渾身發抖，肚子餓。

治療方案：將小鴨子放在保暖燈下，讓牠暖和起來；給牠食物和水，並把牠和其他小鴨子安置在一起。

這隻海豹應該重35公斤，牠必須增重多少公斤？

20公斤

海豹池

病人：被魚網纏住了的海豹。

情況：脖子上有疼痛的割傷傷口，體重過輕。

治療方案：將魚網剪去，並治療受傷的皮膚；處方維他命，並餵食大量的魚，讓牠儲回大量肥厚的脂肪。

X光室

病人：身體不適的天鵝。

情況：瘦弱，頸部下垂。

治療方案：X光片顯示這隻天鵝身中鉛毒，獸醫必須將這些有毒的金屬從牠的肚子裏清洗出來。

這隻天鵝吞下了一個鉛製魚鈎。

非凡任務

理論課 11
○ ✓ 請剔這裏
通過

在電影拍攝現場

「我在幕後與各種各樣的動物一同工作，包括小狗與企鵝！我會給動物進行健康檢查，確保牠們在拍攝期間安全又愉快。如果拍攝現場有動物出現緊急狀況，我會為牠們急救。」

你能回想起多少套有真實動物演出的電影或電視節目呢？

在軍隊裏

「為了工作需要，我會前往世界各地。我負責照顧接受軍方訓練，並與軍隊一同執勤的嗅探犬和護衛犬，我會治療生病或受傷的狗隻，並確保牠們獲得悉心照料。」

呼！你的訓練差不多完成啦。現在請你步出獸醫診所，與一些在特別地方工作的獸醫見面吧。

在機場裏

「我會確保要乘搭飛機出行的寵物身體狀況適合飛行，替牠們接種疫苗，並檢查寵物護照和旅遊文件，接着我會確保牠們在寵物旅行箱裏安全舒適，準備好起飛。」

在警察局裏

「警務動物會有很多傷患，因為牠們肩負着艱巨的工作。馬匹會管控大量人羣，狗隻會協助偵破罪案及捉拿罪犯。我的工作就是要保持警務動物健康，隨時可以履行職責。」

資格考試

現在是時候看看你學懂了多少知識了。

1 水生動物獸醫會照顧哪一種動物？

a) 爬蟲類動物
b) 鳥類
c) 魚類

2 身體背部的骨頭被稱作什麼？

a) 直骨
b) 脊椎骨
c) 背骨

3 哪一種動物需要每天洗沙浴？

a) 金魚
b) 貓
c) 絨鼠

4 虎皮鸚鵡需要多久在籠子外面運動一次？

a) 每周一次
b) 從不需要
c) 每天都需要

5 針筒的用途是什麼？

a) 為動物注射
b) 觀察耳朵內部
c) 聆聽心臟跳動的聲音

6 以下哪一句句子是正確的？

a) 狗需要刷牙
b) 貓需要梳理鬍子

7 哪一種蟲子棲身在寵物身上？

a) 跳蚤
b) 蠼螋
c) 蒼蠅

8 以下哪一句句子是錯誤的？

a) 天竺鼠應該單獨飼養
b) 天竺鼠應該與同伴一起生活

9 壁虎是哪一種動物？

a) 魚類
b) 爬蟲類動物
c) 昆蟲

10 以下哪一種是另類寵物？
a) 蛇
b) 雪貂
c) 狐狸

11 寵物蜥蜴會吃什麼？
a) 腐爛的蔬菜
b) 活生生的昆蟲
c) 罐頭肉類

12 蛇的身體有什麼部分？
a) 手
b) 腳
c) 肋骨

13 量度馬匹長度的單位是什麼？
a) 頭寬
b) 掌寬
c) 腳寬

14 夏爾馬有什麼用途？
a) 表演馬術
b) 賽馬
c) 拉動沉重的物件

15 馬蹄應該多久修剪一次？
a) 每6星期一次
b) 每6天一次
c) 每6個月一次

獸醫評分指引

翻到本書後方核對答案，並將你的得分加起來吧。

1至5分 嘶嘶嘶！快回去接受訓練，好好學習動物的知識。

6至10分 做得好！你正邁向成為優秀獸醫的方向。

11至15分 完美！你擁有成為超級獸醫的必要條件！

詞彙表

獸醫術語

抗生素 antibiotic
一種能夠消滅體內病菌的藥物。

孤兒 orphan
指父母已喪生的兒童或動物寶寶。

保育所 sanctuary
提供居所或保護的地方。

骨骼 skeleton
指人類或動物身體裏的所有骨頭。

寄生物 parasite
指住在其他動物或植物身上，並藉以獲得養分的動物或植物。

接種疫苗 vaccination
一種特殊的醫療程序，能夠防止人類或動物感染疾病。

脫水 dehydrated
指身體裏沒有足夠的水分。

麻醉劑 anaesthetic
一種氣體或針劑，使用後病人不會感到疼痛。

微晶片 micro-chip
一種微小的電子零件，能夠儲存資訊。

感染 infection
身體患有疾病。

隔離 isolation
指與其他人分隔開。

器官 organ
身體裏有特殊功能的重要部分，例如心臟或肺部。

瀕危 endangered
指面對被傷害或絕種的危機。

獸醫學院

做得好！

你已成功完成
獸醫訓練課程。

姓名：..

獸醫

答案

P6
與別不同的是天竺鼠，因為牠沒有綁上繃帶。

P10

a) 鯨魚　b) 蝙蝠　c) 猴子　d) 青蛙

P11
1. b　2. c　3. d　4. a

P12
獸醫常用的工具在下圖以圓圈圈出來了：

P14

生氣　友好　害怕

憂慮　煩躁

P15
a) 快樂　b) 警覺　c) 害怕

P18-19

P21

P23
折斷的骨頭在右圖中以圓圈圈出來了：

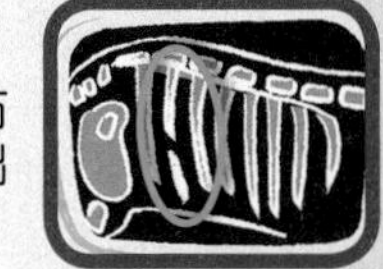

a與d是相配的。

P25
不同之處在右圖中以圓圈圈出來了：

P26-27
要尋找的寵物在下圖以紅圈圈出來了，其他東西則以藍圈圈出來：

P28-29
要尋找的動物在下圖以紅圈圈出來了，生病的牛則以藍圈圈出：

P31
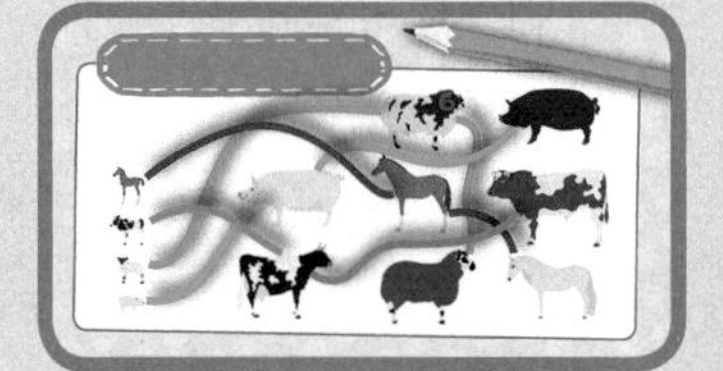

P32
這匹馬高16掌寬。

P32-33
單輪手推車在下圖以圓圈圈出來了：

P34-35
1 工作清單
阿德利企鵝：海洋大觀園
尼羅鱷：爬蟲屋
竹節蟲：蟲蟲叢林
犀牛寶寶：動物觀賞徑
狒狒：猿猴世界
果蝠：微光地帶

鬣蜥屬於爬蟲屋。

要尋找的動物在下圖以紅圈圈出來了：

P36

P38-39
要尋找的動物在下圖中以黃圈和紅圈圈出來了：

P41
海豹必須增重15公斤。

P44-45
1. c　2. b　3. c　4. c　5. a
6. a　7. a　8. a　9. b　10. a
11. b　12. c　13. b　14. c　15. a